浪花朵朵

如何
回收
坏心情

［澳］艾米·莫洛伊 著

［澳］梅丽莎·迈奎斯特 绘

浪花朵朵 编译

四川美术出版社

图书在版编目（CIP）数据

如何回收坏心情 / （澳）艾米·莫洛伊著 ；（澳）梅
丽莎·迈奎斯特绘 ；浪花朵朵编译. -- 成都 ：四川美
术出版社，2023.4（2023.8重印）
书名原文：How to Recycle Your Feelings
ISBN 978-7-5740-0541-9

Ⅰ. ①如… Ⅱ. ①艾… ②梅… ③浪… Ⅲ. ①心理学
—儿童读物 Ⅳ. ①B84-49

中国国家版本馆CIP数据核字(2023)第033406号

如何回收坏心情
RUHE HUISHOU HUAIXINQING

[澳] 艾米·莫洛伊 著　[澳] 梅丽莎·迈奎斯特 绘　浪花朵朵 编译

选题策划：北京浪花朵朵文化传播有限公司
出版统筹：吴兴元
责任编辑：张慧敏　王馨雯
特约编辑：解都悦
责任校对：余以恒　袁一帆
责任印制：黎　伟
营销推广：ONEBOOK
装帧制造：墨白空间·唐志永
出版发行：四川美术出版社
　　　　　（成都市锦江区工业园区三色路238号 邮编：610023）

开　　本：889毫米×1194毫米　1/20
印　　张：2
字　　数：30千
印　　刷：天津联城印刷有限公司
版　　次：2023年4月第1版
印　　次：2023年8月第2次印刷
书　　号：978-7-5740-0541-9
定　　价：42.00元

官方微博：@浪花朵朵童书
读者服务：reader@hinabook.com 188-1142-1266
投稿服务：onebook@hinabook.com 133-6631-2326
直销服务：buy@hinabook.com 133-6657-3072

如何
回收
坏心情

有的时候，
我们的心情会变得
非常非常差。
这些**坏心情**对我们来说，
一点儿用都没有。

我们不记得什么时候买过它们，
或者和谁要过它们。

它们肯定**不在**我们的购物清单上。

那么，这些坏心情是从哪里来的呢？

不过，这并不意味着
你要把坏心情都扔掉。

因为没有任何一种情绪
是真的完全没用的。

相反，你可以用一些
不同的办法
回收你的坏心情。

消解它们

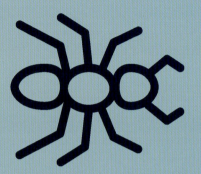

分享它们

重复利用它们

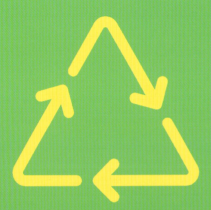

转换它们

储存它们

修复它们

消解它们

下次，当你感到紧张
或者**焦虑**的时候，
想象自己正飞在高空中，
呼吸着新鲜的空气，这样，

你的恐惧就会变得**很小很小**了。

重复利用它们

下次，当你感到**生气**的时候，
借着强烈的怒火画一幅画吧，

或者**疯狂**地跳一支舞也不错。

转换它们

下次，当你感到**自卑**的时候，
想象一下你有一个
超级自信的朋友，
而你借穿了他的外套，

或者试了试他的幸运袜子。

分享它们

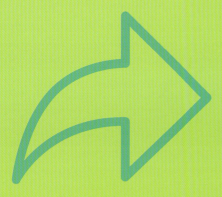

下次，当你感到难过的时候，
可以向一个你信任的人
诉说你的感受。

"可以跟你聊聊我的心事吗？"

储存它们

下次，当你感到**孤单**和**不开心**的时候，可以把那种心情放进你卧室的一个罐子里，

再给它们贴上**标签**。

紧张

不开心

修复它们

下次，当你感到**受伤**的时候，
去找**爱**你的人聊聊天吧！
他们会对你说温柔的话，

还会给你许多许多的抱抱。

把坏心情丢掉
真的很难，
因为它们实在太重了！

所以，不用丢掉它们，
因为坏心情也是
我们生活的一部分啊。

相反，你可以把你的坏心情
放进大大的情绪回收机里。

就是这个东西。

然后说出那句魔法咒语——

"把我的恐惧变成爱吧！"

好了，现在，你的心情怎么样？
这里还有一句写给爸爸妈妈们的话——

相信我，你的眼泪是一个信号，标志着一个全新的开始——全新的你。

艾米·莫洛伊

关于作者

艾米·莫洛伊是澳大利亚知名记者、杂志编辑、撰稿人，曾为《泰晤士报》《电讯报》《每日邮报》《卫报》和《纽约时报》供稿，也是一名执证的心理咨询师。她出版了多部心理自助类书籍，擅长用讲故事的方式来改善读者的情绪。同时，艾米还是两个孩子的妈妈。

关于本书

《如何回收坏心情》的写作灵感来自艾米·莫洛伊在第二个孩子出生后的经历。那个时候，她的第一个孩子开始频繁夜惊，而她自己也患上了产后抑郁症。艾米一直都喜欢给孩子读睡前故事，这样能让宝贝安心入睡。不过在那段时间，她意识到，孩子和大人在睡前其实都需要心理安慰。

"在所有深爱孩子的父母心中，多少都会有这样一种感觉，"艾米说，"虽然你想和孩子产生更多联系，但觉得自己已经什么都给不出来了。那么多个夜晚，我一边读着睡前故事，一边止不住地流泪。我怀疑自己的能力，不知道这一切什么时候才是个头……"

这就是艾米·莫洛伊创作《如何回收坏心情》的缘起。"这本情绪疏导类绘本帮助我的家人相互疗愈，也提醒我自己和孩子：我们内心的复原力有多么强大。"大小朋友在大声朗读本书的过程当中，都能够缓解负面情绪，获得平静的心情。